目录

项目一　硬钎焊的焊接前准备相关知识点 ……………………………………… 1
知识点一　钎焊的基础知识 …………………………………………………… 1
知识点二　制冷设备的主要焊接部件简介 …………………………………… 2
知识点三　认识与使用切割器和倒角器 ……………………………………… 7
知识点四　认识胀管器及冲头 ………………………………………………… 9
知识点五　硬钎焊的场地的安全要求分析 ………………………………… 11

项目二　制冷系统管道的基础焊接 …………………………………………… 16
知识点一　点检焊接设备 …………………………………………………… 16
知识点二　焊枪的操作及火焰的认识 ……………………………………… 28
知识点三　向下焊接 ………………………………………………………… 36
知识点四　向上焊接 ………………………………………………………… 41
知识点五　横向焊接 ………………………………………………………… 45

项目三　制冷设备组件的应用硬钎焊相关知识点 …………………………… 48
知识点一　压缩机的焊接 …………………………………………………… 48
知识点二　干燥过滤器的焊接 ……………………………………………… 50
知识点三　工艺管封口 ……………………………………………………… 52
知识点四　洛克环的免焊连接 ……………………………………………… 53
　拓展知识点一　热交换器焊接的注意事项 ……………………………… 54
　拓展知识点二　四通阀焊接的注意事项 ………………………………… 56

项目四　手工软钎焊技术相关知识点 ………………………………………… 59
知识点一　认识手工软钎焊技术 …………………………………………… 59
知识点二　手工组装焊接 …………………………………………………… 61
知识点三　设备工具清单 …………………………………………………… 62

项目一

硬钎焊的焊接前准备相关知识点

知识点一　钎焊的基础知识

一、钎焊的发展历程

钎焊是人类较早使用的材料连接方法之一，人类在尚未开始使用铁器时，就已经开始用钎焊来连接金属了。我国古代钎焊技术在西周时期萌芽，盛于春秋战国时期。古代钎焊技术是我国古代社会生产力发展的象征，为现代焊接技术的发展奠定了基础。图1-1为曾侯乙墓中建鼓铜座上的盘龙，其采用的就是钎焊技术。

尽管钎焊技术出现较早，但其发展较为缓慢。进入20世纪后，其发展也远落后于熔焊技术。直到20世纪30年代，在冶金和化工技术发展的基础上，钎焊技术才有了较快发展，并逐渐成为一种独立的工业生产技术。

图1-1　曾侯乙墓中建鼓铜座上的盘龙

尤其是第二次世界大战后，航空、航天、核能、电子等的发展，以及新材料、新结构形式的产生，对连接技术提出了更高的要求，钎焊技术因此受到了更大的重视并迅速发展起来，出现了许多新的钎焊方法，其应用也越来越广泛。

钎焊在机械、电机、仪表、无线电等领域应用广泛。它主要用于制造精密仪表、电气零部件、异种金属构件及复杂薄板结构（如夹层构件、蜂窝结构等），也常用于焊接各类导线与硬质合金刀具；在微波波导器件、电子管和电子真空器件的制造中，钎焊甚至是目前唯一的连接方法。

二、钎焊工艺介绍

钎焊是焊接工艺中的重要技术，其焊接温度低于母材熔化温度，焊接时母材不熔化。钎焊工艺方法包括气焊、电阻钎焊、感应钎焊、浸渍钎焊、炉中钎焊、电弧钎焊与碳弧钎焊等。

1. 钎焊接头要求

设计钎焊接头时，首先考虑接头的强度，其次考虑组合件的尺寸精度、零件的装配定位、钎料的安置、钎焊接头的间隙等工艺问题。

钎焊接头大多采用搭接形式。在生产实践中，采用银基、铜基、镍基等强度较高的钎料钎焊接头时，搭接长度通常取为薄件厚度的 2~3 倍；采用锡、铅等软钎料钎焊接头时，搭接长度可取为薄件厚度的 4~5 倍，但搭接长度应不大于 15 mm。

2. 焊件表面准备

钎焊前必须仔细地清除工件表面的氧化物、油脂、油漆及其他脏物。有时，钎焊前必须预先为零件镀覆某种金属层。

1）清除油污，油污可用机溶剂去除。常用的有机溶剂有酒精、四氯化碳、汽油、三氯乙烯、二氯乙烷、三氯乙烷等。

2）清除氧化物。钎焊前，零件表面的氧化物可用机械法、化学浸蚀法和电化学浸蚀法清除。

3. 钎料装配和固定

在各种钎焊方法中，除气焊和烙铁钎焊外，其余方法要求在焊接前将钎料预先安置在接头上。安置钎料时应尽可能利用钎料的重力作用和间隙的毛细作用来促进钎料填满间隙。膏状钎料应直接涂在钎焊处，粉末状钎料可用黏结剂调和后黏附在接头上。

三、钎焊特点

钎焊具有以下特点：

1）钎焊加热温度较低，接头光滑平整，焊件的组织和性能变化不大，工件尺寸精确。
2）可焊同种金属，也可焊异种材料，且对工件厚度差无严格限制。
3）有些钎焊方法可同时焊多焊件、多接头，焊接效率很高。
4）钎焊设备简单，成本较低。
5）焊前清整要求严格，钎料价格较贵。

知识点二　制冷设备的主要焊接部件简介

一、任务一所需的设备、工具和材料清单

任务一所需的设备、工具和材料清单如表 1-1 所示。

表 1-1　任务一所需的设备、工具和材料清单

名称	规格	单位	数量
电冰箱压缩机	符合 3C 标准	台	1
空调器压缩机	符合 3C 标准	台	1

续表

名称	规格	单位	数量
热交换器	符合 3C 标准	台	1
电子膨胀阀	符合 3C 标准	个	1
毛细管	符合 3C 标准	个	1
四通阀	符合 3C 标准	个	1
冷暖型空调器	符合 3C 标准	台	1

二、制冷设备中的主要焊接部件及制冷原理

1. 制冷系统压缩机

电冰箱压缩机和空调器压缩机分别如图 1-2 和图 1-3 所示。

图 1-2　电冰箱压缩机

图 1-3　空调器压缩机

知识窗口

压缩机：根据热传递过程可以知道，热量不能够自发地、不付出任何代价地从一个低温物体转移到另一个高温物体，压缩机就像人的心脏，是整个制冷系统的核心部件、动力来源。简单地说，压缩机在制冷系统中的作用就是吸入制冷剂工质气体，提高压力造成向高温放热而液化的条件。

2. 热交换器

室外热交换器和室内热交换器分别如图 1-4 和图 1-5 所示。

图 1-4　室外热交换器

图 1-5　室内热交换器

> **知识窗口**
>
> **室外热交换器：**空调器制冷系统中，随空调器制冷（制热）状态不同，室外热交换器产生的作用也不相同。在制冷状态下，室外热交换器的作用是放热液化。在制热状态下，室外热交换器的作用是吸热汽化。
>
> **室内热交换器：**在空调器制冷系统中，室内热交换器与室外热交换器的作用、状态刚好相反。在制冷状态下，室内热交换器的作用是吸热汽化。在制热状态下，室内热交换器的作用是放热液化。

3. 节流装置

电子膨胀阀如图1-6所示。毛细管如图1-7所示。

图1-6 电子膨胀阀

图1-7 毛细管

> **知识窗口**
>
> **电子膨胀阀：**电子膨胀阀在制冷系统中起到节流降压的作用，是节流阀的一种。电子膨胀阀的主要优点是能够精准地控制制冷剂流量，从而精准控制蒸发温度。其通常使用在控温精度要求较高的地方。
>
> **毛细管：**毛细管是常见的节流装置，其原理是在直径很小的金属管内让液体制冷剂流过，利用液体沿管程阻力损失进行降压节流。

4. 四通阀

四通阀的外观及内部结构分别如图1-8和图1-9所示。

图1-8 四通阀外观

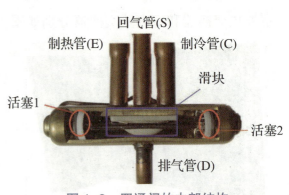

图1-9 四通阀的内部结构

> **知识窗口**
>
> **四通阀**：四通阀又名电磁四通阀，由电磁阀和四通阀两部分组成，主要用在热泵型空调器中。它利用电磁阀的作用使四通阀内部换向，以控制制冷剂的流向，从而达到制冷或制热的目的。

5. 电冰箱制冷原理

电冰箱内部结构如图1-10所示。其制冷原理如图1-11所示。

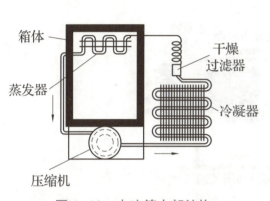
图1-10 电冰箱内部结构

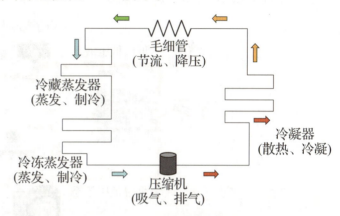
图1-11 电冰箱制冷原理

> **知识窗口**
>
> **电冰箱制冷系统工作过程**：制冷剂以气态形式由压缩机吸入，经压缩机压缩后成为高温高压的过热蒸气从排气管排出；经过排气管进入冷凝器，此时制冷剂将热量散发给周围空气，由高温高压的气体冷凝为中温高压的液体，再经过干燥过滤器进入毛细管。制冷剂进入毛细管后，因通道细长受阻而被节流降压为中温低压的液体；之后进入蒸发器汽化，在蒸发器中，低温低压的制冷剂液体吸收大量外界热量而汽化为饱和蒸汽，从而达到向外界吸热制冷的目的。

6. 冷暖型空调器制冷 / 制热原理

根据工作任务，对空调器制冷系统制冷原理进行分析，并了解空调器各种状态下制冷剂在制冷系统中的变化。空调器的制冷原理如图1-12所示。

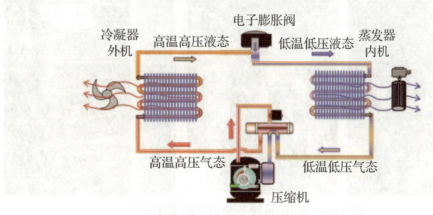
图1-12 空调器制冷原理

知识窗口

制冷工作过程：当空调器为制冷状态时，制冷剂从压缩机的高压管出来后先进入电磁四通阀，由于电磁四通阀没有得电，制冷剂从电磁四通阀出来到冷凝器外机进行放热降温，再经过电子膨胀阀进行节流降压后，制冷剂来到蒸发器内机进行吸热，最后经四通阀回到压缩机完成一次制冷循环。

空调器的制热原理如图 1-13 所示。

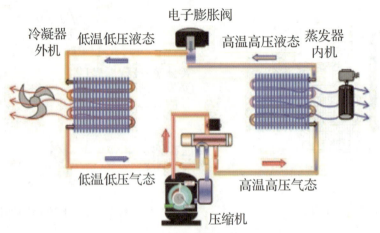

图 1-13　空调器制热原理

知识窗口

制热工作过程：当空调器为制热状态时，制冷剂从压缩机的高压管出来后先进入电磁四通阀，由于电磁四通阀得电，四通阀改变制冷剂的流向，制冷剂从电磁四通阀出来到蒸发器内机进行放热，再经过电子膨胀阀进行节流降压后制冷剂来到冷凝器外机，进行汽化，最后经四通阀回到压缩机完成一次制热循环。

7. 制冷系统中管道的焊接点

根据工作任务，对空调制冷系统管道与管道、管道与制冷系统部件的焊接点（图 1-14）进行观察，了解钎焊技术对于制冷行业的重要性。

图 1-14　制冷系统各个部位的焊接点

钎焊技术是制冷行业生产制造、安装维修过程中最重要的一个环节，制冷系统焊接质量的好坏关系着制冷设备能否正常使用，能否经受住市场的考验。所以，冰箱、空调制造企业把钎焊技术列为企业的核心岗位，而钎焊员工必须经过系统地培训，并持相关行业的钎焊技术等级证书才能上岗操作。由此可见，钎焊技术是制冷行业中核心的一个操作技能。

知识窗口

如图 1-15 所示为在生产过程中产生的泄漏。导致这种泄漏的原因有很多，如焊接时温度不足、焊材加注的时间把握不好、加热范围过小等。由此可见，钎焊技术的熟练程度直接影响制冷系统的焊接品质。

图 1-15　制冷系统焊接点泄漏

知识点三　认识与使用切割器和倒角器

一、任务二所需的设备、工具和材料清单

任务二所需的设备、工具和材料清单如表 1-2 所示。

表 1-2　任务二所需的设备、工具和材料清单

名称	规格	单位	数量
切割器	符合 3C 标准	把	1
倒角器	符合 3C 标准	把	1
铅笔	通用型	支	1
卷尺	3 m	把	1
铜管	$\phi 10$ mm	圈	1
铜管	$\phi 8$ mm	圈	1
铜管	$\phi 6$ mm	圈	1

二、切割器的认识与使用

（一）切割器的作用

切割器又称割管器、割刀。使用在制冷设备维修中的切割器，不同于一般管道工用的管子割刀。它的体积小，是用来切割制冷系统管道（紫铜管、铝管等）的专用工具。

（二）切割器的组成结构

常用的切割器主要由滚轮、支架、刀片、手柄等组成（图1-16），在部分切割器中还有螺杆、铰刀（刮刀）及备用刀片等。常用切割器的切割范围为3~45 mm。

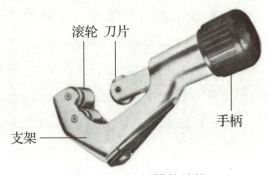

图1-16 切割器的结构

（三）使用切割器的注意事项

使用切割器时应注意如下内容：

1）在放直铜管时，为了防止铜管变形，除慢慢拨动铜管外，两手的距离也不能过大。

2）为了切割尺寸的准确性，做记号的笔越细越好，切割时刀片应对准记号笔留下的记号。

3）在夹持和切割铜管的过程中，进刀量不能太大；否则，会导致铜管变形，损坏铜管管径。

4）切割器绕铜管顺时针切割时，根据切割器与铜管间的松紧度确定是否进刀。

三、倒角器的认识与使用

（一）倒角器的作用

倒角器的作用是在切割铜管后，去除管口毛刺、消除铜管收口，目的是防止铜管的残留物进入制冷系统，提高铜管连接的质量。

（二）倒角器的结构

倒角器主要由外罩和锥形刀片构成，如图1-17所示。它是将三把均匀分布且成一定角度的刮刀装在一段塑料管中制成的，这三把刮刀在端部互成钝角，在另一端互成锐角。

> **知识窗口**
>
> 倒角器的操作方法：使用时将倒角器口向上，锥形刀片放入管口内，适度旋转倒角器即可去掉毛刺，同时消除铜管收口。

图1-17 倒角器的结构

（三）铜管的倒角与清洁

铜管的倒角与清洁如图 1-18 所示。

 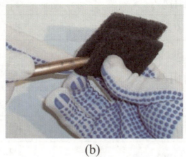 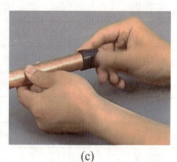

(a)   (b)   (c)

图 1-18　铜管倒角与清洁

（a）铜管倒角；（b）百洁布清洁铜管；（c）胶套密封铜管口

知识窗口

1. 切割铜管后下一步工序就是倒角。首先将倒角器锥形刀片向上，铜管口向下；然后将倒角器锥形刀片放入管口内，左手握紧铜管不动，右手旋转倒角器，反复操作直到去除毛刺和收口。

2. 倒角后的铜管口表面光滑圆整，无收口现象，铜管倒角后还应用百洁布或刷子将铜管灰尘、金属屑、外物清洁干净。经过清洁的铜管在焊接过程中与焊料的贴合度更高，从而使管路更加牢固。

3. 完成清洁后的铜管要套上密封套，以防止各种杂质进入管内，对之后的操作造成影响。

（四）使用倒角器的注意事项

使用倒角器时应注意如下内容：

1）为了防止铜屑残留在铜管内，倒角时锥形刀片向上，铜管口向下，确保铜管内干净。

2）倒角器刀片不能有缺损，否则无法去除毛刺。

3）去除毛刺时用力应均匀，确保铜管口毛刺去除干净，无收口现象。

4）倒角器需要定时保养除尘，刀片应适当涂抹机油。

知识点四　认识胀管器及冲头

一、任务三所需的设备、工具和材料清单

任务三所需的设备、工具和材料清单如表 1-3 所示。

表 1-3　任务三所需的设备、工具和材料清单

名称	规格	单位	数量
胀管器	通用型	套	1
切割器	符合 3C 标准	把	1
倒角器	符合 3C 标准	把	1
铅笔	通用型	支	1
卷尺	3 m	把	1
铜管	ϕ10 mm	圈	1
铜管	ϕ8 mm	圈	1
铜管	ϕ6 mm	圈	1

二、胀管器的认识

（一）胀管器的作用

空调器等制冷设备都需要用杯形口进行铜管管道的连接，为了保证管道的气密性，先要对铜管进行加工，将铜管做成杯形口后再用钎焊设备进行连接。做杯形口需要用专门的工具——胀管器。

（二）胀管器的分类

胀管器的种类很多，一般可分为手动型胀管器、液压型胀管器、电动型胀管器，如图 1-19~图 1-21 所示。

图 1-19　手动型胀管器

图 1-20　液压型胀管器

图 1-21　电动型胀管器

知识窗口

公、英制的区别

公制是国际通用单位制，为世界大多数国家所采用，基本单位有千克（kg）、米（m）、秒（s）等。

英制是源自英国的单位制，为英联邦国家所采用，基本单位有磅、码等。

以公制、英制螺纹为例：公制螺纹用螺距来表示，螺纹是 60° 等边牙型，单位用公制单位毫米（mm），一般用 3、4、5、6、8、10、12、14、16、20 等表示。英制螺纹用每英寸内的螺纹牙数来表示，螺纹是等腰 55° 牙型，单位是英制单位，一般 1/4、3/8、1/2 是英制螺纹的公称直径，单位是英寸（1 英寸 ≈ 2.54cm）。

(三)冲头的认识

胀管器的冲头一般分为普通冲头和顶压器用冲头,这里应用普通冲头来扩管胀口,如图1-22所示。

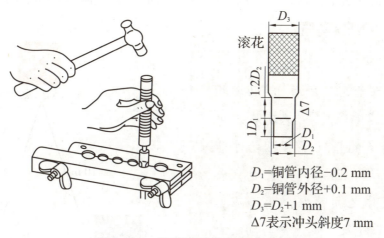

D_1=铜管内径-0.2 mm
D_2=铜管外径+0.1 mm
$D_3=D_2+1$ mm
$\Delta 7$表示冲头斜度7 mm

图1-22　普通冲头胀管扩口示意图

利用普通冲头扩口胀管的方法:将铜管夹持在夹板上,选择相应的冲头(铜管露出的高度按顶压器扩口的方法量取),并为其涂上润滑油,再将其敲入铜管内,每敲一次应旋转一次冲头,直至杯形口达到要求的形状。

知识点五　硬钎焊的场地的安全要求分析

一、任务四所需设备、工具和材料清单

任务四所需设备、工具和材料清单如表1-4所示。

表1-4　任务四所需设备、工具和材料清单

名称	规格	单位	数量
氧气瓶	20 L	个	1
乙炔气瓶	20 L	个	1
丙烷气瓶	20 L	个	1
液化石油气瓶	20 L	个	1
焊接操作台	标准尺寸	台	1
焊接工装	标准尺寸	套	1

二、硬钎焊的场地的安全要求

(一) 钎焊场地的安全要求

钎焊操作安全距离示意图如图 1-23 所示。钎焊场地禁放危险物品如图 1-24 所示。

知识窗口

发生燃烧爆炸必须具备三个必然条件，即可燃物（气体）、助燃物（气体）、火源（温度）。只有在三个条件同时具备的情况下可燃物才能发生燃烧爆炸。因此，动火时，氧气与可燃气体之间的安全距离应不小于 5 m，氧气及可燃气体与动火点之间的安全距离应不小于 10 m，而且应该做好预防气瓶倾倒的措施。

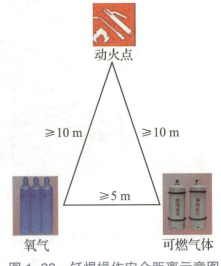

图 1-23　钎焊操作安全距离示意图

知识窗口

在流水线或任何需要钎焊的场地操作时，动火前应对焊接场地进行确认，将易燃易爆物品撤出，远离动火点摆放。排除一切危险源后方可操作。

图 1-24　钎焊场地禁放危险物品

钎焊场地各种不安全状态及行为如下：

1）气管无序摆放的不安全状态。气管有序状态和无序状态分别如图 1-25 和图 1-26 所示。

图 1-25　气管有序状态

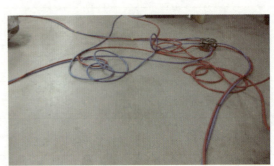

图 1-26　气管无序状态

项目一　硬钎焊的焊接前准备相关知识点

> **知识窗口**
>
> **不安全状态：**
> 　　在钎焊场地或流水线上气源气管没有进行整理，导致操作者或工作人员在走动时容易绊倒，从而引发安全事故，这就是一种不安全的状态。

　　2）焊接台工具摆放混乱的不安全行为。焊接工具有序摆放和无序摆放分别如图1-27和图1-28所示。

　　图1-27　焊接工具有序摆放　　　　　　图1-28　焊接工具无序摆放

> **知识窗口**
>
> **不安全因素：**
> 　　1. 工具容易烧坏或烫坏。如果将工具随意放置在工作台上，操作时会导致焊枪火焰将工具烧损。
> 　　2. 拿取时容易烫伤手。当工具被焊接火焰灼烧后，如果此时使用工具就会有烫伤手的可能。

（二）钎焊场所常用气源介绍

　　气焊、气割用气体分为助燃气体（氧气）、可燃气体（乙炔、液化石油气等）。可燃气体和氧气以一定比例混合燃烧时，放出大量的热，可形成热量集中的高温火焰，将金属加热或熔化。气体火焰钎焊是利用助燃气体与可燃气体混合燃烧的火焰进行加热的一种钎焊方法。

　　下面就来认识钎焊过程中常用的气源（图1-29～图1-32）。

图1-29　氧气瓶　　　图1-30　乙炔气瓶　　　图1-31　丙烷气瓶　　　图1-32　液化石油气瓶

知识窗口

氧气：助燃气体，无色、无味、无臭，比空气重。

氧化浓度高时，危险性增加：

①燃烧速度快。

②火焰温度上升。

③着火温度变低。

④爆发范围变大。

乙炔气：可燃气体，无色、无味、臭味，比空气轻，爆炸范围广的气体。其燃烧温度为3000℃～3300℃。

丙烷（霞普气）：可燃气体，无色、无味、略臭，比空气重，爆炸范围比乙炔小，下限比乙炔低。其燃烧温度为2000℃～2800℃。

石油液化气：可燃气体，无色、无味、略臭，比空气重，爆炸范围比乙炔小，燃点比乙炔低。其燃烧温度为2000℃～2800℃。

液化石油气的主要成分为丙烷、丁烷及少量的乙烷、乙烯等碳氢化合物。

（三）钎焊作业防护用品介绍

钎焊属于特殊工种，存在一定的危险性，个人防护工作一定不能马虎。

钎焊前，作业人员要戴好防护帽（图1-33），将头发藏进帽中不外露。注意：帽子不可遮挡视线。

钎焊时会产生气体等各种物质，可能对身体造成不良影响。因此，作业人员需要佩戴防护口罩（图1-34）来保护自身的安全。

图1-33 防护帽

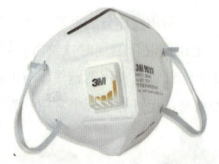

图1-34 防护口罩

钎焊过程可能会有一些细屑飞溅，因此佩戴合适的护目镜可以为作业人员提供安全保障；钎焊时产生的强光线可能会对眼睛造成一定的伤害，在佩戴上深色护目镜后（图1-35），可以将这种伤害降到最低。

防护服（图1-36）可以防止金属对人体造成的割伤，焊接时保护作业人员免受高温对人体的意外伤害。

图 1-35　深色护目镜

图 1-36　防护服

钎焊时佩戴防护手套（图 1-37），可以防止高温和烫伤。

防护鞋（图 1-38）主要用于对脚趾、脚跟的保护，并为作业人员提供绝缘保护。

图 1-37　防护手套

图 1-38　防护鞋

项目二
制冷系统管道的基础焊接

 知识点一　点检焊接设备

一、任务一所需的设备、材料和工具

任务一所需的设备、材料和工具如表 2-1 所示。

表 2-1　任务一所需的设备、材料和工具

序号	器材名称	规格及型号	数量	单位
1	防割手套	符合 3C 标准	1	双
2	工装	纯棉	1	套
3	深色护目镜	符合 3C 标准	1	个
4	泡沫检漏器	100 mL，可用稀释后的洗洁精	1	瓶
5	焊枪	符合 3C 标准	1	把
6	氧气钢瓶	40 L	1	个
7	丙烷钢瓶	15 kg	1	个
8	点火枪	符合 3C 标准	1	把
9	鲤鱼钳	8寸（1寸 ≈ 3.33 cm）	1	把
10	便携式气焊设备	符合 3C 标准	1	套
11	回火防止器	符合 3C 标准	1	套
12	氧气过桥	便携式气焊设备配套	1	个
13	可燃气体过桥	便携式气焊设备配套	1	个
14	活络扳手	250 mm × 30 mm	1	把
15	丁烷气瓶	380 mL	1	瓶

二、认识便携式气焊设备

（一）便携式气焊设备的作用

便携式气焊设备方便携带，便于制冷售后人员维护、维修制冷设备。铜管与铜管除使用纳

项目二 制冷系统管道的基础焊接

子连接外,更多地需要焊接连接。焊接设备就是焊接管道的设备,因此学会焊接设备的使用,是生产、维修制冷设备的关键。这里主要介绍丁烷和氧气相混合的便携式气焊设备。

(二)便携式气焊设备的组成结构

便携式气焊设备是用来连接制冷系统管道的专门工具。它主要由氧气钢瓶、可燃气钢瓶(也可用液化石油气)、气源连接管(橡胶输气管)、焊枪(又称焊炬)等组成,如图 2-1 所示。

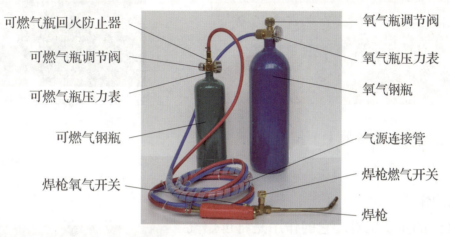

图 2-1 便携式气焊设备

三、认识固定式气焊设备

(一)固定式气焊设备存在的意义

为保证操作的安全性,便于设备管理,工作现场的气焊设备均为固定式气焊设备。

(二)固定式气焊设备的分类

按照安装方式不同,固定式气焊设备分为悬挂式(图 2-2)与落地式(图 2-3)两种。

> **知识窗口**
>
> **悬挂式:**
>
> 在实训场地,使用的都是悬挂式的焊枪,如图 2-2 所示。悬挂式固定气焊设备包含电子点火器、截气阀等部件。其优点是安全、方便,可以更好地利用周围的空间,焊接操作时不会因管道在地面拖拽而受影响;缺点是一旦悬挂固定后不能移动,操作上方也要留足够的空间进行气源管道布置。

图 2-2 悬挂式固定气焊设备

知识窗口

落地式：

如图2-3所示，落地式固定气焊设备普遍用于生产线线侧，需要布置气源管道，固定后不能随意移动。和悬挂式一样，其也需要定期对气源管道、截气阀等部件进行检漏，避免发生事故。

图2-3 落地式固定气焊设备

（三）固定式气焊设备的主要结构

1. 焊枪

（1）焊枪的作用

焊枪是气焊的主要工具。它的作用是将可燃气体和氧气按一定比例均匀地混合，并以一定的速度从焊嘴喷出，形成满足焊接要求、燃烧稳定的火焰。射吸式焊枪如图2-4所示。

图2-4 射吸式焊枪

（2）焊枪的分类

按照可燃气体和氧气混合方式的不同，焊枪可分为射吸式焊枪（低压焊枪）和等压式焊枪两种。其中，等压式焊枪燃烧气体的压力和氧气的压力是相等的，因此称为等压式焊枪。它的优点是不易发生回火。但是，等压式焊枪不能应用于低压乙炔气体，因此应用较少。

（3）焊枪的构造

焊枪的构造如图2-5所示。

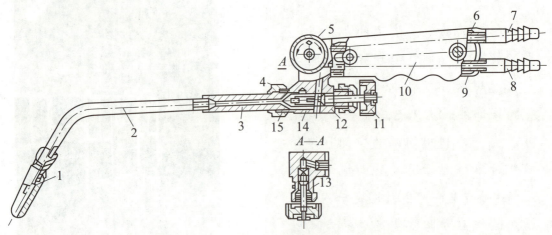

图2-5 焊的构造

1—焊嘴；2—混合气管；3—射吸管；4—射吸管螺母；5—乙炔调节阀；6—乙炔进气管；7—乙炔管接头；8—氧气管接头；9—氧气进气管；10—手柄；11—氧气调节阀；12—本体；13—乙炔针阀；14—氧气针阀；15—喷嘴

2. 截气阀

知识窗口

截气阀：

如图2-6所示，当焊枪使用完毕后将焊枪挂在截气阀挂钩上，气源停止供气。

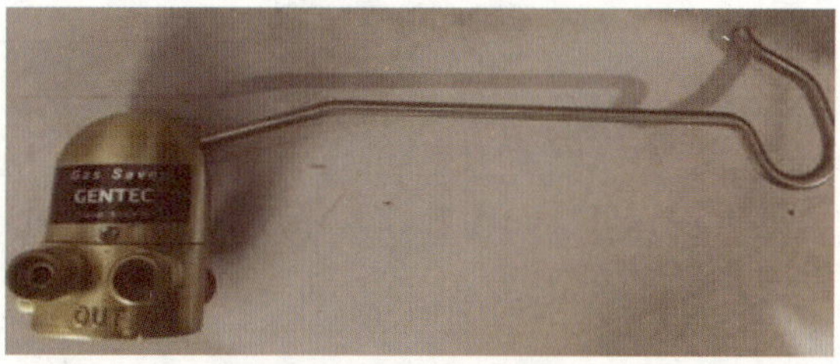

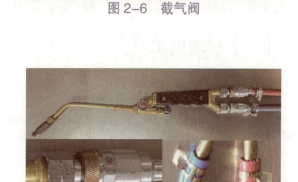

图2-6　截气阀

3. 快速接头与抱箍

知识窗口

快速接头与抱箍：

如图2-7所示，快速接头能够使气源连接皮管与焊枪，钢瓶快速连接、收纳。抱箍能够将皮管紧紧地连接到快速接头上。

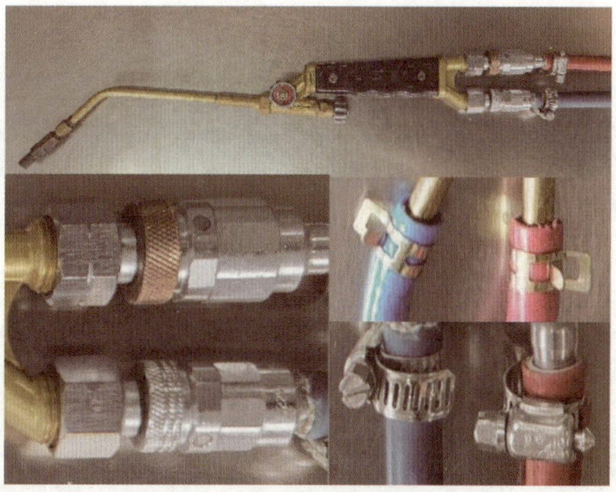

图2-7　快速接头与抱箍

4. 气源连接气管

知识窗口

气源连接气管：

如图2-8所示，气源连接气管的作用是将氧气瓶和可燃气瓶中的气体输送到焊枪中。

图2-8　气源连接气管

5. 电子点火器

知识窗口

电子点火器：

如图2-9所示，安装在固定式钎焊设备中，用于对钎焊设备进行点火。

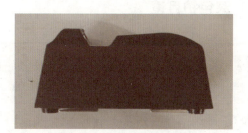

图2-9　电子点火器

6. 回火防止器

知识窗口

回火防止器：

如图2-10所示，防止火焰串回燃气管道内发生鸣爆。

图2-10 回火防止器

四、了解辅助工具

1. 氧气过桥

知识窗口

氧气过桥：

如图2-11所示，在为便携式气焊设备加注氧气时，一般通过氧气过桥将氧气由40 L的氧气瓶转移到便携式焊具的氧气瓶中。

图2-11 氧气过桥

2. 可燃气体过桥

知识窗口

可燃气体过桥：

如图2-12所示，在为便携式气焊设备加注可燃气体时，可以使用丁烷瓶通过气嘴加注，也可以使用可燃气体过桥将可燃气体由15 kg的可燃气体转移到便携式焊具的燃气瓶中。

图2-12 可燃气体过桥

3. 深色护目镜

知识窗口

深色护目镜：

如图2-13所示，焊工应根据材质和需要选择镜片颜色和深浅。护目镜的作用：①保护焊工眼睛过滤蓝光，不受火焰亮光的刺激；②防止金属微粒的飞溅而损伤眼睛。

图2-13 深色护目镜

4. 点火枪

> **知识窗口**
>
> **点火枪：**
> 如图 2-14 所示，以丁烷作为气源的点火枪是对焊枪进行点火的安全点火工具之一。注意：禁止使用打火机为焊枪点火。

图 2-14　点火枪

5. 鲤鱼钳

> **知识窗口**
>
> **鲤鱼钳：**
> 如图 2-15 所示，用于夹持焊接后处于高温的铜管，避免烫伤。

图 2-15　鲤鱼钳

6. 泡沫检漏液

> **知识窗口**
>
> **泡沫检漏液：**
> 如图 2-16 所示，用于钎焊设备使用前的检漏，避免钎焊设备出现泄漏导致的安全事故。

图 2-16　泡沫检漏液

7. 活络扳手

> **知识窗口**
>
> **活络扳手：**
> 如图 2-17 所示，在焊接工具中常用来紧固氧气钢瓶上的减压阀，或紧固氧气过桥等。

图 2-17　活络扳手

8. 丁烷气瓶

> **知识窗口**
>
> **丁烷气瓶：**
> 如图2-18所示，多数制冷售后工作人员选择丁烷气体作为便携式焊具的可燃气体。其优点是方便携带，缺点是成本高。

图2-18 丁烷气瓶

五、气源的转移

便携式气焊设备在使用前要先将氧气和可燃气体充注到钢瓶中，转移的过程中要遵守安全操作规范，具体步骤如下。

（一）氧气的转移

步骤一： 如图2-19所示，带上防割手套先关闭氧气瓶阀门，再用活络扳手取下连接气阀（厂家不同连接位置有区别，有些钢瓶上是取下堵头）。

图2-19 取下连接气阀

步骤二： 如图2-20所示，用氧气过桥连接大小氧气钢瓶，并用活络扳手拧紧。

图2-20 连接氧气过桥

项目二 制冷系统管道的基础焊接 23

步骤三： 如图 2-21 所示，慢慢打开小钢瓶的氧气阀门，再打开大钢瓶的氧气阀门，观察小钢瓶上压力表的显示数值。

图 2-21 打开氧气阀门

步骤四： 如图 2-22 所示，便携式气焊设备中氧气瓶压力表显示 13 MPa，即为加满（通常加气站将 40 L 氧气瓶加注到 13~15 MPa）。依次关闭两个氧气钢瓶的阀门，取下氧气过桥，将连接气阀装好，至此氧气转移完毕。

图 2-22 关闭氧气阀门

（二）可燃气体的转移

1. 丁烷气源的转移

> **知识窗口**
>
> **丁烷气源的转移：**
>
> 如图 2-23 所示，打开丁烷气罐的瓶盖，将丁烷气罐气嘴插入小钢瓶的进气嘴中并向下压，气压显示指针指在黄色区域即为加满（注意冬天和夏天加注的位置有区别）。

图 2-23 丁烷气源的转移

2. 丙烷气源的转移

知识窗口

丙烷气源的转移：

如图 2-24 所示，首先用活络扳手取下可燃气瓶上的回火防止器，然后用可燃气体过桥将便携式气焊设备中的可燃气瓶和丙烷钢瓶相连接，打开可燃气钢瓶，再打开丙烷气体钢瓶，气源开始转移。当小钢瓶上的压力表指针不动时，表示气源转移完毕。气源转移完毕后关掉阀门，取下可燃气体过桥。随着大钢瓶气源不断减少，转移到小钢瓶内的丙烷压力也会降低。

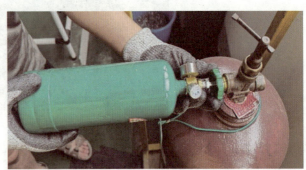

图 2-24 丙烷气源的转移

六、焊枪泄漏点检

焊枪泄漏点检步骤如下：

1）对焊枪上的所有连接处进行点检操作，防止接头出现气体泄漏现象。

知识窗口

为了防止在焊接过程中，焊枪各部位的气体泄漏（图 2-25），有必要利用泡沫检漏液对焊枪的各个连接点进行检漏，并在检漏完成后，将泡沫擦拭干净，防止泡沫对焊枪部件造成腐蚀。

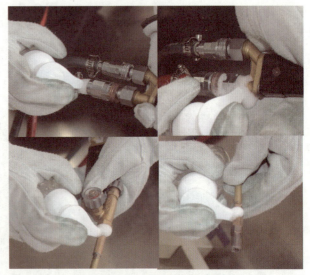

图 2-25 焊炬泄漏点检

2）射吸式焊枪吸气、排气点检。在点检前，应对焊枪的吸气、排气过程进行确认，以确保焊枪的射吸功能正常。

①射吸式焊枪外形的结构及各部件的认识。

知识窗口

如图 2-26 所示,红色的开关为可燃气体阀门,蓝色的开关为助燃气体(氧气)阀门,红色气管连接可燃气体,蓝色气管连接助燃气体(氧气)。

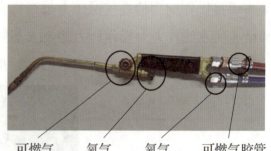

可燃气　氧气　氧气　可燃气胶管

图 2-26　焊枪部件功能认识

②卸掉可燃性气体连接管确认吸入。

操作过程

如图 2-27 所示,卸掉连接气管,打开氧气阀门和可燃气体阀门。

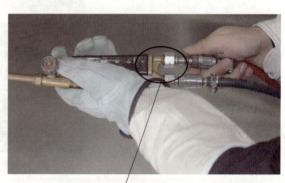

卸掉可燃性气体连接管

图 2-27　卸掉可燃性气体连接管

③确认喷出。

操作过程

如图 2-28 所示,可燃气体阀门转两圈以上,氧气阀门全部打开,手指放在喷嘴处,有氧气喷出来。手指放在焊枪可燃气体进气端,有被吸入的感觉。

有氧气　转两圈　氧气阀门　用手指接触时
喷出　　以上　　全开　　　有被吸住的感觉

图 2-28　确认焊枪吸排气

3)连接气管的点检。连接焊枪的气管可能由于长时间在地上拖拽或脚、硬物的碰撞而造成泄漏,引发安全事故。因此,在使用焊枪前,需要对连接气管进行点检。

知识窗口

如图 2-29 所示,确认连接气管有无划伤、开裂、烫伤等情况,如果发现上述情况应及时更换气管。

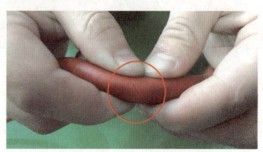

图 2-29　连接气管的点检

4）气源的点检。在钎焊操作过程中，气源的输出压力都是依靠减压阀进行调整的，所以在实施焊接操作前要检查气源压力是否符合现场作业的要求，减压阀有无泄漏等。因为实训场地和企业流水线作业对操作压力的要求不同，所以必须检查压力标准。

① 常见三种气源的压力值。常见气源及压力调整器如图2-30所示。

图2-30 常见气源及压力调整器

知识窗口

气源压力：

为了防止流水线集中使用焊枪时，焊接气压不稳定，所以流水线上使用的焊接气压和售后安装、维护时的气压有所不同，具体参考如下内容。

1）可燃性气体压力。

（0.05±0.035）MPa（企业流水线）

（0.04±0.01）MPa（实训场地、安装、维护）

2）氧气压力。

（0.49±0.1）MPa（企业流水线）

（0.4±0.1）MPa（实训场地、安装、维护）

3）氮气压力。

（0.03±0.01）MPa（企业流水线）

（0.02±0.01）MPa（实训场地、安装、维护）

②减压阀的点检。

> **知识窗口**
>
> 减压阀的检漏方法：
>
> 如图2-31所示，用稀释洗洁精泡沫或肥皂水涂抹在燃气瓶（或氧气瓶）减压阀所有的接头处，如出现气泡即视为有漏点，需更换减压阀。减压阀所有接头处均无泄漏后方可使用。如果钢瓶阀口出现泄漏，则停止使用该钢瓶，并退回加气站等候专业维护。

钢瓶阀口出现泄漏

图2-31 减压阀点检

③钎焊过程中减压阀压力值的点检。在焊接过程中要有意识地去检查气源的压力是否维持在标准范围内，保证足够的气源，避免因气源不足造成回火鸣爆现象。

> **知识窗口**
>
> 在钎焊过程中，当火力调整不到理想状态或火力变小时，可以查看减压阀的压力值，确认氧气或燃气压力是否在规定范围内，如果压力没有在规定范围内，应立即对压力进行调整，如图2-32所示。

确认氧气压力值是否在规定范围内　　检查氧气瓶内压力值，确认是否还有氧气

图2-32 钎焊过程中压力值的点检

④压力调整器的使用。气焊用气源都是瓶装的高压气体，使用时必须经过减压后才能接在焊枪上供焊接用。例如，氧气瓶的压力为15 MPa，而气焊和气割时所需的氧气压力为0.4~0.6 MPa，如未经减压，则不能使用。此外，焊接时还要求压力稳定，否则难以保证焊接质量。另外，压力调整器利用自身的调节性能还能维持气体的输出压力，使其不会因为瓶内气压下降而发生改变。因此，压力调整器是气焊中不可缺少的装置。

a. 压力调整器的作用：压力调节器又称减压器，它的作用是减压、稳压。

b. 压力调整器的分类：按用途不同，压力调整器可分为集中式和岗位式两种；按构造不同，压力调整器可分为单级式和双级式两种；按工作原理不同，压力调整器可分为正作用式和反作用式两种。

c. 压力调整器的结构：压力调整器的内部结构及名称如图2-33和表2-2所示。

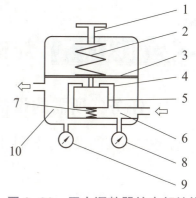

图2-33 压力调整器的内部结构

表 2-2 压力调整器的内部结构名称

部件号码	部件名称	部件号码	部件名称
1	调节螺钉	6	一次室
2	调节弹簧	7	小弹簧
3	流量孔板	8	一次压力表
4	阀座	9	二次压力表
5	阀门	10	二次室

d. 压力调整器在操作过程中应注意如下事项：

第一，压力调整器的各个部分不能使用润滑油、油等润滑，不能用沾染油污的手或手套接触压力调整器。

第二，不要让灰尘等异物进入调整器中，在安装时可以使压力调整器中的气体少量喷出，以便将金属口周围的灰尘吹去。注意：不要将放出口对着身体的方向。

第三，当压力调整器上的螺钉损坏时，不要用力紧固；压力计必须安装在正确的位置（方向）。另外，螺钉必须拧入 6 个螺纹以上。

第四，确认调整螺钉松弛后，要轻轻地打开压力调整器的阀门。此时，不要将脸和身体朝着压力表的正面，而应该处在斜一些的位置上。

第五，长时间中断作业时，必须关闭压力调整器的阀门，并将调整螺钉拧松。

第六，若拧松调整螺钉后二次压力仍会变高，说明压力调整器发生故障，不能继续使用。

第七，即使放掉压力（拧松调整螺钉、开放焊枪的阀门），压力表的指针仍不能回归到零点时，说明压力表发生故障，需要更换压力表。

第八，无经验者不能随便地分解或修理压力调整器。

第九，调整压力时，应根据作业条件、器具的种类及性能等进行恰当的选择。

知识点二 焊枪的操作及火焰的认识

一、任务二所需的设备、材料和工具

任务二所需的设备、材料和工具如表 2-3 所示。

表 2-3　任务二所需的设备、材料和工具

序号	器材名称	规格及型号	数量	单位
1	钎焊手套	符合 3C 标准	1	双
2	工装	纯棉	1	套
3	深色护目镜	符合 3C 标准	1	个
4	护臂	纯棉袖套	1	双
5	泡沫检漏液	100 mL，可用稀释后的洗洁精	1	瓶
6	焊枪	符合 3C 标准	1	把
7	氧气钢瓶	40 L	1	个
8	丙烷钢瓶	15 kg	1	个
9	点火枪	符合 3C 标准	1	把
10	鲤鱼钳	8 寸	1	把
11	铜管	$\phi 6.35$ mm	5	cm
12	铜管	$\phi 9.7$ mm	5	cm
13	铜管	$\phi 15.9$ mm	5	cm
14	铜管	$\phi 25.4$ mm	5	cm
15	铜管	$\phi 31.8$ mm	5	cm
16	U 形联络管	$\phi 6.35$ mm	1	个
17	三通联络管	$\phi 6.35$ mm	1	个
18	磷铜焊材	符合 3C 标准	1	根
19	银铜焊材	符合 3C 标准	1	根
20	锌铜焊材	符合 3C 标准	1	根

二、认识常用管道

1）制冷系统常用的联络管如图 2-34 所示。

制冷系统钎焊中常用的 U 形管直径分别为 $\phi 8$ mm、$\phi 7$ mm、$\phi 6.35$ mm、$\phi 5$ mm。

(a)　　　　　　　　　　　　　　　　(b)

图 2-34　制冷系统常用的联络管
（a）U 形联络管；（b）三通联络管

2）钎焊操作中常用的配管如图 2-35 所示。

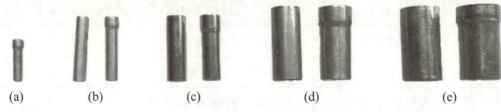

图 2-35　钎焊操作中常用的配管

（a）ϕ6.35 mm；（b）ϕ9.7 mm；（c）ϕ15.9 mm；（d）ϕ25.4 mm；（e）ϕ31.8 mm

制冷系统配管三原则如下：

①密封性，钎焊过程中如果发生泄漏将不能达到冷媒配管的密封性要求，空调器就不能正常运转。所以，钎焊后应确认外观，焊材要适当，无不足现象。

②清洁性，钎焊过程中如果不充氮气会产生氧化膜，不能达到清洁性要求，氧化膜会造成毛细管堵塞、压缩机损坏等，空调器将不能制冷、制热。所以，钎焊过程中必须正确充注氮气。

③干燥性，钎焊后有的作业场所会对冷媒配管进行水冷却，在进行水冷却时，必须做好防水措施，如果水进入配管且没有及时处理，空调器运作时会产生冰堵、压缩机损坏等故障，影响空调器的使用。

三、确认钎焊条件

钎焊作业前，应对是否符合以下条件进行确认。

（1）间隙大小的确认

间隙在 0.05 mm 左右为合适（不少于 0.025 mm）。如果间隙变大，即使吸入很多焊材，强度也不会变强，反而会变弱，如图 2-36 所示。

（2）母材表面的清扫确认

如果母材表面黏附氧化物、油、涂料等污渍或异物，则无论使用多好的焊材都无法进行接合。

（3）接口形状的确认

一般情况下，由于焊材的强度比母材低，为了增大接合面积，必须使用杯形口套接接头。铜管与铜管进行配合时，必须插入到位。

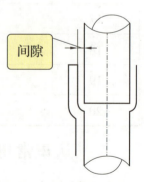

图 2-36　间隙变大

（4）焊材选择的确认

选择焊材的时候，需要首先考虑物品的使用目的、被钎焊物品的用途等。

（5）助焊剂选择的确认

对于在大气中进行的钎焊，为了防止加热导致母材氧化及氧化膜的产生，有必要使用助焊剂。使用助焊剂的目的是在到达钎焊温度前不致形成氧化膜，并保护焊接表面；即便在加热过程中，助焊剂也能防止母材金属及焊材发生氧化。因此，必须保证焊材的作业温度和助焊剂的活性温度。

（6）管道的装配

为了增加铜管接合部的焊接强度，制冷设备的铜管焊接均为杯形口套接。套接式接口增加了焊接面积，进而使焊接强度得以加强。但是，在装配过程中，套接式接口容易出现铜管插歪或插入深度不足等现象。

> **知识窗口**
>
> 如果在装配铜管的过程中出现铜管插歪现象（图2-37），那么焊接部的某部分会出现间隙过大的现象，并且在焊接过程中因焊材过度渗透，而造成堵塞或半堵现象，严重影响空调器的制冷、制热能力。

图2-37　铜管插歪

> **知识窗口**
>
> 如果在装配铜管过程中出现铜管插入深度不足现象（图2-38），也会在焊接过程中造成焊材过度渗透，造成堵塞或半堵现象，严重影响空调器的制冷、制热能力。

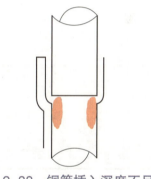

图2-38　铜管插入深度不足

> **知识窗口**
>
> 在装配铜管时，必须垂直向下插入，如果铜管上有限位点，必须插入到位，必要时可使用辅助工具，如图2-39所示。

(a)　　　　　　　　(b)　　　　　　　　(c)

图2-39　装配管的要点

(a)限位点；(b)插入到位；(c)使用辅助工具

四、认识与选择焊材及助焊剂

(一) 焊材的认识与选择

制冷系统的管道连接一般采用钎焊焊接。钎焊就是利用燃点比焊件低的焊料(又称焊条、钎料),通过可燃气体和助燃气体在焊枪中混合燃烧时产生的高温火焰加热焊件、熔化焊条,是焊件连接的方法。

钎焊常用的焊条有磷铜焊条、锌铜焊条(黄铜焊条)、银铜焊条等,如图2-40所示。为提高焊接质量,钎焊制冷系统管道时,要根据焊件材料选用合适的焊条。铜管与铜管焊接时,可选用磷铜焊条。这种焊条价格低廉,并具有良好的漫流、填缝和润湿性能,并且不需要使用助焊剂。这是因为磷铜焊条中的磷在钎焊过程中能还原氧化铜,起到助焊剂的作用。铜管与钢管或钢管与钢管焊接时,可选用银铜焊条或铜锌焊条。银铜焊条具有良好的焊接性能,铜锌焊条的焊接性能较银铜焊条稍差,这两种焊条在焊接时需用助焊剂。常用国产钎焊焊条的类别、牌号、性能和适用范围如表2-4所示,供选用时参考。

图2-40 钎焊常用的焊条

表2-4 常用国产钎焊焊条的类别、牌号、性能和适用范围

类别		银铜焊条(Ag-Cu-Zn类)				磷铜焊条(Ag-P类)			锌铜焊条(Ag-Zn类)
牌号		料301	料302	料303	料312	料909	料204	料203	料103
主要元素含量/%	Ag	9.7~10.3	24.7~25.3	44.5~45.5	39~41	1~2	14~16		
	Cu	52~54	39~41	29.5~31.5	16.4~17.4	91~94	78~82	90.5~93.5	52~56
	Zn	35~38	33~36.5	23.5~26	16.6~18.6				44~48
	P			0.1~0.5		5~7	4~6	5~7	
	Cd				25~26.5				
	其他	Pb<0.15	Pb<0.15	Pb<0.15	Pb<0.15			Sb1.5~2.5	
	杂质	<0.5	<0.5	<0.5	<0.5				
焊接温度/℃		815~850	745~755	660~725	595~605	715~730	640~815	650~700	885~890
适用范围		铜与铜、铜与钢、钢与钢,使用助焊剂				铜与铜,不用助焊剂			铜与铜、铜与钢、钢与钢,使用助焊剂

项目二 制冷系统管道的基础焊接 33

一般工业上较常使用的金属如表 2-5 所示。

表 2-5 一般工业上较常使用的金属

金属名称	铁	不锈钢	铜	黄铜	铝合金
熔点 /℃	1530	1530	1083	910	660

(二) 助焊剂的认知与选择

助焊剂又称焊粉、焊药、焊剂，能在钎焊过程中使焊件上的金属氧化物或非金属杂质生成熔渣。同时，钎焊生成的熔渣覆盖在焊件的表面，使焊件与空气隔绝，防止焊件在高温下继续氧化。钎焊若不使用助焊剂，焊件上的氧化物会夹杂在焊缝中，使焊接处的强度降低，如果焊接的是管道，则焊接处易产生泄漏。

钎焊助焊剂分为非腐蚀性助焊剂和活性化助焊剂。非腐蚀性助焊剂有硼砂、硼酸、硅酸等。活性化助焊剂是在非腐蚀性助焊剂中加入一定量的氯化钾、氟化钠或氯化钠、氯化钾等化合物制成的。与非腐蚀性助焊剂相比，活性助焊剂具有更强的清除焊件金属氧化物和杂物的能力，但它对金属有腐蚀作用，焊接完毕后，要清除焊接处残留的助焊剂和熔渣。

钎焊助焊剂的选用对焊件的焊接质量有很大的影响，因此钎焊要根据焊件材料、焊条，选用合适的助焊剂。例如，铜管与铜管的焊接，使用磷铜焊条可不用助焊剂；若使用银铜焊条或锌铜焊条，要选用非腐蚀性助焊剂。铜管与钢管或钢管与钢管焊接，用银铜焊条或锌铜焊条时，要选用活性化助焊剂。

五、焊枪操作的开火、关火顺序

(一) 点火操作前的准备

点火操作前应先进行焊接设备的点检，具体包括如下内容。

1) 焊枪的点检。
2) 连接气管的点检。
3) 气源的点检。
4) 减压阀的点检。

(二) 点火方式

实训场地所用的可燃气体不同，对焊枪阀门旋转的开度要求也不同。下面先认识焊枪阀门的名称及作用，再根据焊接需求选择相对应的火焰。

1. 焊枪阀门的认识

焊枪阀门如图 2-41 所示。

知识窗口

可燃气体阀门：
用乙炔气体时逆时针转半圈；
用丙烷气体时逆时针转 1/3~1/4 圈。
氧气阀门：
用乙炔气体时逆时针转 1 圈；
用丙烷气体时逆时针转 2 圈。

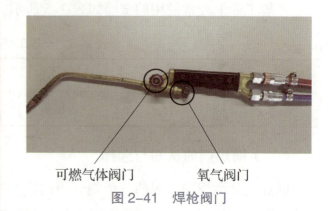

图 2-41　焊枪阀门

2. 焊枪操作的开火顺序

步骤一：如图 2-42 所示，逆时针旋转可燃气体阀门 1/3~1/4 圈（根据焊枪阀门磨损程度不同，开合程度也会有变化），逆时针微开氧气阀门，将焊枪喷嘴对准工作台。

图 2-42　打开可燃气体阀门

步骤二：如图 2-43 所示，用点火枪对焊枪进行点火操作，完成后将点火枪放回工作台下（禁止放在台面上）。

步骤三：在焊枪点燃后，根据火焰大小逆时针旋转阀门适当调整氧气、可燃气体的比例，将火焰调至需要使用的类型即可，如图 2-44 所示。

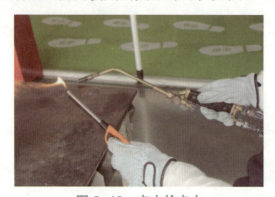

图 2-43　点火枪点火

图 2-44　调节火焰

（三）焊枪操作的关火顺序

焊枪的关火顺序一定要严格按图 2-45~图 2-47 所示进行操作，不能弄反，否则可能产生回火鸣爆的现象。

步骤一： 先逆时针稍微加大氧气阀门的开度，增加氧气含量。氧气加大后噪声明显加大，焰心变短，如图 2-45 所示。

图 2-45　加大氧气阀门的开度

步骤二： 按顺时针方向迅速关闭可燃气体阀门（关气过程一气呵成，避免出现回火鸣爆现象），如图 2-46 所示。

步骤三： 顺时针关闭氧气阀门，将焊枪放回指定位置（不接触喷嘴，避免烫伤），如图 2-47 所示。

图 2-46　关闭可燃气体阀门

图 2-47　关闭氧气阀门

六、火焰类型的认识

（一）氧气与丙烷相混合

氧气与丙烷相混合后根据氧气加入的比例不同大致可以分为碳化焰、中性焰、氧化焰三种常见的火焰（图 2-48~图 2-50），不同材质的母材在钎焊过程中选择不同的钎焊内火焰。

> **知识窗口**
>
> 碳化焰（图 2-48）：
> 在丙烷气体中混入少量氧气，丙烷和氧气的比例约为 2∶1。

图 2-48　碳化焰

知识窗口

中性焰（图2-49）：

对母材没有还原性的火焰，丙烷和氧气的比例约为1:1。

图2-49　中性焰

知识窗口

氧化焰（图2-50）：

比中性焰的氧气含量多，对金属物体表面有氧化作用，乙炔和氧气的比例约为1:2。

图2-50　氧化焰

（二）火焰温度的认识

在进行钎焊的过程中，调整好的火焰长度不同，温差也不相同。下面就来认识火焰从焊枪喷嘴出来后的温度状态。

知识窗口

通过图2-51可以了解到调整好以后的火焰长度不同，温度也不同，因此在钎焊过程中需要根据母材的种类来选择对应的焊材及调整合适的温度进行焊接。

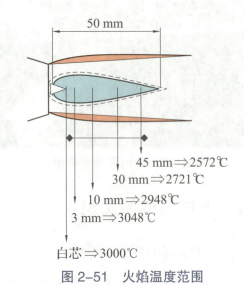

图2-51　火焰温度范围

知识点三　向下焊接

一、任务三所需的设备、材料和工具

任务三所需的设备、材料和工具如表2-6所示。

表 2-6 任务三所需的设备、材料和工具

序号	器材名称	规格及型号	数量	单位
1	钎焊手套	符合 3C 标准	1	双
2	工装	纯棉	1	套
3	护臂	纯棉袖套	1	双
4	泡沫检漏液	100 mL，可用稀释后的洗洁精	1	瓶
5	焊枪	符合 3C 标准	1	把
6	氧气钢瓶	40 L	1	个
7	丙烷钢瓶	15 kg	1	个
8	深色护目镜	符合 3C 标准	1	个
9	点火枪	符合 3C 标准	1	把
10	鲤鱼钳	8 寸	1	把
11	杯形口铜管	$\phi 6.35$ mm	4	组
12	杯形口铜管	$\phi 3/8$ mm	4	组
13	杯形口铜管	$\phi 15.9$ mm	4	组
14	磷铜焊材	BCuP-6	1	根

二、预热操作要点

（一）母材均匀预热

对母材进行预热时，无论是内管还是外管都要保证母材温度均匀，这样焊材在流动时才不会时而流动得快，时而因温度较低而冷却，如图 2-52 所示。

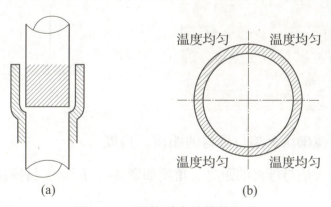

图 2-52 预热时内外管的温度
（a）内外管温度相同（合格）；（b）四周温度均匀：温度约为 450℃（合格）

（二）加热时母材的温度变化

对母材预热时，根据母材的颜色变化判断加焊材的时间，如图 2-53 所示。

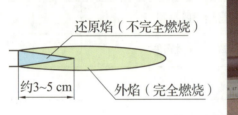

图 2-53 加热母材时的颜色变化

（三）火力、火焰的调整

根据母材管径大小不同，火力的大小应做适当调整，且还原焰（焰心）长度应控制在 3~5cm，如图 2-54 所示。

图 2-54 调整焰心长度

（四）火焰的角度

火焰从焊枪喷嘴处出来后与母材呈 80°~85° 夹角，如图 2-55 所示。此时，热量分布均匀，火焰对母材的包裹性较好，温度能够更好地加以控制。

知识窗口

为了使上下母材均匀加热，须对内管进行 70% 的加热，对外管进行 30% 的加热，此时的火焰角度为 80°~85°。在进行钎焊操作时，需确认两个母材的变色范围，通过对火焰角度的调整，控制热量分布，实现对两母材的均匀加热。

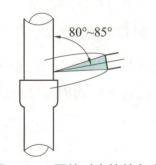

图 2-55 预热时火焰的角度

（五）预热过程目视确认火焰与母材的距离、角度

预热过程目视确认火焰与母材的距离、角度如图 2-56 所示。目视位置如下：

1）还原焰的前端。

2）火焰的接触位置。

3）火焰的方向。

项目二 制冷系统管道的基础焊接 39

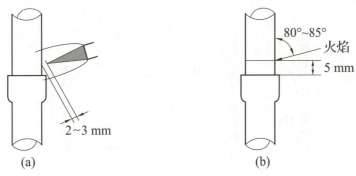

图 2-56 目视确认火焰与母材的距离、角度
（a）还原焰（焰心）顶端和母材的距离是2~3 mm；（b）还原焰（焰心）顶端和母材管口的距离是5 mm

> **知识窗口**
>
> 在预热的过程中，要随时用眼睛观察焰心与母材的距离、焰心距离母材管口的位置，以及火焰是否与母材保持平行，如图 2-57 所示。

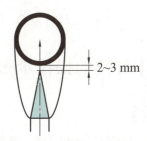

图 2-57 焰心与母材的距离

三、焊材流动的操作要点

1）焊材的加注位置如图 2-58 所示。

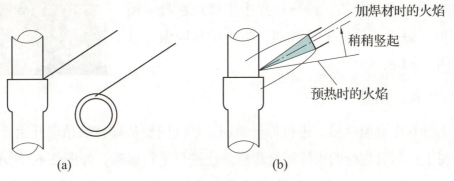

图 2-58 焊材的加注位置
（a）焊材从前端部开始熔化（少量连续加入）；（b）焊材流畅地渗透至间隙内

2）向下焊接时，火焰移动方向与焊材加注位置如图 2-59 所示。

> **知识窗口**
>
> 在对母材进行加焊材时，不是用火焰融化焊材，而是用母材的温度去熔化焊材。所以，火焰在预热完毕后扮演保持母材温度的角色，而保持温度的方法就是平行移动火焰，如图 2-59 所示。

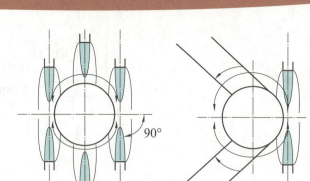

图 2-59 火焰移动方向及焊材加注位置
（a）加焊材时火焰平行移动（火焰的移动方法）；
（b）用母材热量熔化焊材，将火焰向侧面引（火焰与焊材移动方法）

四、向下焊接的操作步骤

（一）预热

焊枪垂直于铜管（母材）进行预热，要求火焰焰心长为 3~5 cm，焰心距离管口上方 2~3 mm 加热。焊枪相对于铜管（母材）呈 80°~85° 倾角，火焰方向朝下，如图 2-60 所示。

（二）控温、预热焊材

当母材温度上升至其颜色为粉红色时，将焊材移到母材边上，用余火对焊材进行预热。预热过程中注意观察母材温度，温度过高时，焊枪要前后平行移动，防止母材因温度过高而熔化，如图 2-61 所示。

图 2-60 预热

（三）加注焊材，控温

母材温度上升到作业温度后，进行焊材添加。加注时要从焊材的顶端开始连续少量地从后向前加注到母材上，同时焊枪的火焰配合焊材加注进行平行移动，如图 2-62 所示。

（四）确认焊材在管口处的状态

当管口焊材加注到自然重叠时，先移开火焰，利用余温控制好管口焊材，在形成饱满状态时移开焊材，如图 2-63 所示。

图 2-61 控温、预热焊材

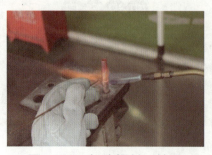

图 2-62 加注焊材，控温

图 2-63 确认焊材在管口处的状态

(五)焊接完毕

移开火焰和焊材后,再次确认管口焊接无气孔、焊材饱满、无漏焊、无焊材下垂等。完成后关闭火焰,如图 2-64 所示。

(六)对母材进行降温

由于是实操练习,这里用鲤鱼钳夹持母材中间部位,平行放入水中进行降温处理,防止烫伤,如图 2-65 所示。

(七)焊接标准

焊接标准:要求管口光滑圆润、无气孔、焊材饱满、无漏焊、无焊材下垂,如图 2-66 所示。

图 2-64 焊接完毕

图 2-65 对母材进行降温

图 2-66 标准焊件

知识点四 向上焊接

一、任务四所需的设备、材料和工具

任务四所需的设备、材料和工具如表 2-7 所示。

表 2-7 任务四所需的设备、材料和工具

序号	器材名称	规格及型号	数量	单位
1	钎焊手套	符合 3C 标准	1	双
2	工装	纯棉	1	套
3	护臂	纯棉袖套	1	双
4	焊枪	符合 3C 标准	1	把
5	氧气瓶	40 L	1	个
6	乙炔瓶	15 kg	1	个
7	护目镜	符合 3C 标准	1	个

续表

序号	器材名称	规格及型号	数量	单位
8	点火枪	符合3C标准	1	把
9	鲤鱼钳	8寸	1	把
10	泡沫检漏器	可用稀释后的洗洁精	1	瓶
11	杯形口铜管	$\phi 6.35$ mm	4	组
12	杯形口铜管	$\phi 3/8$ mm	4	组
13	杯形口铜管	$\phi 15.9$ mm	4	组
14	磷铜焊材	BCuP-6	1	根

二、向上焊接预热操作要点

(一)向上钎焊的着重点

焊材为何能向上吸引呢?这是因为焊材受下面的力被吸引向上流动,即毛细管现象,如图2-67所示。

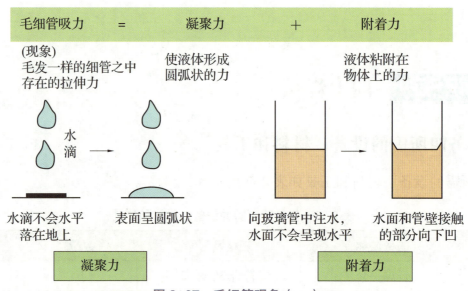

图2-67 毛细管现象(一)

毛细管现象可描述为以下几点:

1)附着力发生作用。

2)液体面,力争要变为水平。

3)变为水平的液体面,力争要变为球珠。

4)通过前面1)~3)不断重复,液体被往上吸引。

如图2-68所示,依靠液体吸附物体的力和形成球状凸起的力,焊材可以被向下吸或向上吸（两块玻璃重叠，形成细小的间隙，浸入水中就能很容易地理解该现象）。因此，向下钎焊时，焊材受地球引力和毛细管引力的作用被向下吸引。向上钎焊时，由于毛细管引力与地球引力相反，焊材被向上吸引。

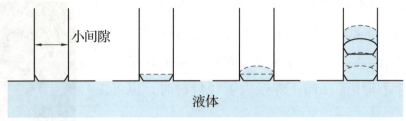

图 2-68　毛细管现象（二）

向上钎焊时，火焰的接触位置、焊材流动方法、母材的温度等需要注意以下几点：

1）预热时的火焰状态如图 2-69 所示。

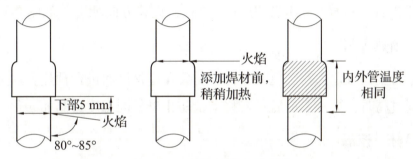

图 2-69　预热时的火焰状态

2）钎焊时火焰移动的方向及角度如图 2-70 所示。

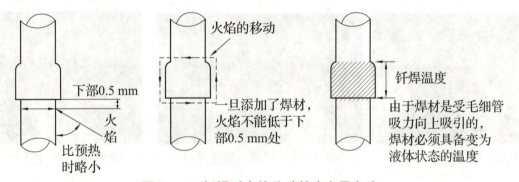

图 2-70　钎焊时火焰移动的方向及角度

3）加注焊材时的方法如图 2-71 所示。

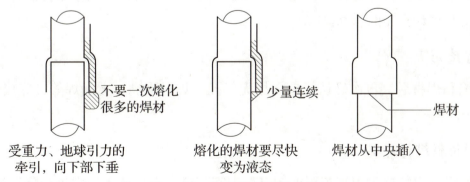

图 2-71　加注焊材时的方法

三、向上焊接的操作步骤

（一）焊材打弯

先调节火焰，使焰心长度为 3~5 cm，然后对焊材进行打弯（打弯长度控制在 1~5 cm，打弯长度根据所焊接的母材管径大小而定），如图 2-72 所示。打弯的目的是方便在向上焊接时使焊材以钩形加注到管口中。在向下焊接大管径母材时，也可以将焊材进行打弯处理。

图 2-72　焊材打弯

（二）预热

焊枪垂直于铜管（母材）进行预热，要求火焰焰心长 3~5 cm，焰心距离管口上方 2~3 mm 加热。焊枪相对于铜管（母材）的角度为 80°~85°，火焰方向朝上，如图 2-73 所示。

（三）控温、预热焊材

当母材温度上升至其颜色为粉红色时，将焊材放在母材后面进行预热。预热过程中应注意观察母材温度，温度过高时，焊枪要前后平行移动，防止母材因温度过高而融化，如图 2-74 所示。

（四）加注焊材，控温

当达到作业温度时，保持温度后进行焊材添加。添加过程中，火焰逆时针以"口"字形方式移动，焊材仍连续少量地添加直至管口形成自然饱满状态，如图 2-75 所示。

图 2-73　预热

图 2-74　控温、预热焊材

图 2-75　加注焊材，控温

（五）确认焊材在管口处的状态

当管口焊材加注到自然重叠时，先移开火焰，再移开焊材，利用余温控制好管口焊材形成饱满状态时移开焊材，如图 2-76 所示。

（六）焊接完毕

移开火焰和焊材后，再次确认管口焊接无气孔、焊材饱满、无漏焊等，完成后关闭火焰，如图 2-77 所示。

（七）对母材进行降温

由于是实操练习，这里用鲤鱼钳夹持母材中间部位，平行放入水中进行降温处理，防止烫伤，如图 2-78 所示。

图 2-76　确认焊材在管口处的状态

图 2-77　焊接完毕

图 2-78　降温处理

知识点五　横向焊接

一、任务五所需的设备、材料和工具

任务五所需的设备、材料和工具如表 2-8 所示。

表 2-8　任务五所需的设备、材料和工具

序号	器材名称	规格及型号	数量	单位
1	钎焊手套	符合 3C 标准	1	双
2	工装	纯棉	1	套
3	护臂	纯棉袖套	1	双
4	焊枪	符合 3C 标准	1	把
5	氧气瓶	40 L	1	个
6	乙炔瓶	15 kg	1	个
7	护目镜	符合 3C 标准	1	个
8	点火枪	符合 3C 标准	1	把
9	鲤鱼钳	8 寸	1	把
10	泡沫检漏器	可用稀释后的洗洁精	1	瓶
11	杯形口铜管	ϕ6.35 mm	4	组
12	杯形口铜管	ϕ3/8 mm	4	组
13	杯形口铜管	ϕ15.9 mm	4	组
14	磷铜焊材	BCuP-6	1	根

二、横向焊接预热的操作要点

横向焊接预热的操作要点如图 2-79 所示。

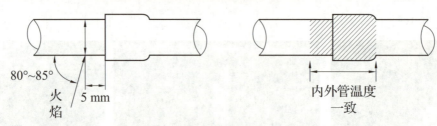

图 2-79 横向焊接预热的操作要点

三、横向焊接加焊材时的操作要点

横向焊接加焊材时的操作要点如图 2-80 所示。

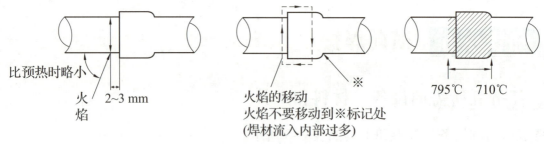

图 2-80 横向焊接加焊材时的操作要点

四、横向焊接的操作步骤

(一) 准备配管

将准备好的一组弯头放在模具上，拿一组铜管放置到模具中，模拟横向焊接的环境，如图 2-81 所示。

(二) 焊材打弯

先调节火焰，使焰心长度为 3~5 cm，然后对焊材进行打弯（打弯长度控制在 1~5 cm，打弯长度根据所焊接的母材管径大小而定），如图 2-82 所示。

(三) 预热

对铜管（母材）进行预热，使用焊枪正前方对铜管（母材）进行预热，要求火焰焰心长 3~5 cm，焰心距离管口上方 2~3 mm，如图 2-83 所示。

图 2-81 准备配管

图 2-82 焊材打弯

图 2-83 预热

（四）控温、预热焊材

当母材温度上升至其颜色为粉红色时，将焊材放在母材后面进行预热。预热过程中，注意观察母材温度，温度过高时，焊枪要前后平行移动，防止母材温度因过高而融化，如图2-84所示。

（五）加注焊材，控温

当母材达到作业温度时，在保持温度稳定的情况下将焊材少量从管道下方加注，在加注的过程中既要保持火焰温度，又要顺时针以"口"字形方式移动，如图2-85所示。

（六）确认焊材在管口处的状态

将下方的焊材加注好后，用焊枪火焰加热管道，并将焊材引上来进行重叠，如图2-86所示。

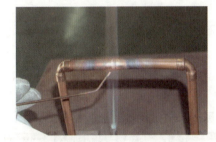

图2-84 控温、预热焊材

图2-85 加注焊材，控温

图2-86 确认焊材状态

（七）焊接完毕

焊接完毕并检查焊接处有无焊接不良，检查完成后按操作顺序关闭焊接设备。焊接效果如图2-87所示。

（八）对母材进行降温

由于是实操练习，这里用鲤鱼钳夹持母材中间部位，平行放入水中进行降温处理，防止烫伤，如图2-88所示。

图2-87 焊接效果

图2-88 降温处理

项目三
制冷设备组件的应用硬钎焊相关知识点

知识点一　压缩机的焊接

一、任务一所需的设备、材料和工具

任务一所需的设备、材料如表 3-1 所示。

表 3-1　任务一所需的设备、材料和工具

名称	规格	单位	数量
焊枪	符合 3C 标准	把	1
点火枪	符合 3C 标准	把	1
氧气瓶	40 L	个	1
乙炔瓶	15 kg	个	1
深色护目镜	符合 3C 标准	个	1
护臂	纯棉袖套	对	1
手套	符合 3C 标准	双	1
工装	纯棉	套	1
压缩机	空调配件	个	1
焊材	铜磷焊材	根	1
泡沫捡漏器	100 mL	个	1

二、压缩机的焊接步骤

1. 焊接前的准备

用双歧表在压缩机的加液阀充注压力（0.02±0.01）MPa 的氮气。具体操作步骤如下：

1）正确着装和佩戴防护用品。

2）点检。点检焊枪、气源、气管、减压阀。

3）加氮气。用双歧表在压缩机的加液阀充注压力（0.02±0.01）MPa 的氮气，令待焊部位管内充满氮气，如图 3-1~图 3-3 所示。

图 3-1 压缩机

图 3-2 氮气瓶

图 3-3 充注氮气

2. 点火及调节火焰

规范点火并将火焰调至中性焰后,对焊料进行打弯处理,如图 3-4 所示。

3. 焊材打弯

此处须对焊材进行打弯,如图 3-5 所示。是否打弯的判断依据为操作者焊接时是否便于移动焊接方位。

图 3-4 点火并调节火焰

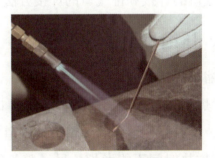
图 3-5 焊材打弯

4. 焊接排气口

1)预热。

内焰焰尖距离待焊管口上方 2~3 cm,火焰的角度与待焊铜管成 80°~85° 角,焊枪轻轻横向移动,预热至待焊铜管变为红色,如图 3-6 所示。

2)加焊料(勾焊)。

因焊接体位限制,此处焊接采用向下勾焊。待焊铜管预热至红色后,手持焊料由后沿焊缝向前拉,少量多次,直至焊材在焊缝前面部分汇合,最终加焊料的多少以管口液态焊材自然饱满为标准,如图 3-7 所示。

图 3-6 预热

图 3-7 加焊料

3）移开焊枪、焊材。

顺序为是先移开焊枪，后移开焊料，如图3-8所示。

4）冷却。

冷却分为自然冷却和人工冷却。压缩机的冷却可以在焊接后用湿布降温，如图3-9所示。

图3-8 移开焊枪、焊材

图3-9 压缩机的冷却

5. 焊接回气口

回气口的焊接和排气口的焊接方法完全一致，此处不再赘述。

三、压缩机焊接的注意事项

压缩机焊接时应注意如下事项：

1）焊料未凝固前，压缩机管道焊口绝对不能振动；若振动，会导致接头强度下降，易出现气孔，也可能使熔化的焊料进入管道，形成堵塞或半堵塞。

2）加热时间不能太长，尽量避免反复加热；加热时间太长，管内会出现氧化物，其脱落后易堵塞管道。焊料凝固后，其质地疏松、强度低，易出现泄漏或渗透性泄漏。

3）焊接温度不能过高，注意压缩机管道颜色的变化；温度过高，熔化的焊料不易聚集在焊缝处，而往往流向焊缝两边的管道，也容易使焊接处融化塌陷而导致焊接失败。

4）需要助焊剂时，用量要适当；使用助焊剂过多，易形成夹渣，导致泄漏。

5）一般焊接，使用中性焰，较厚管可适当使用氧化焰，较薄管和较细管可适当使用碳化焰，有利于提高焊接质量和速度。

知识点二 干燥过滤器的焊接

一、任务二所需的设备、材料和工具

任务二所需的设备、材料和工具如表3-2所示。

表 3-2 任务二所需的设备、材料和工具

名称	规格	单位	数量
焊枪	符合 3C 标准	把	1
点火枪	符合 3C 标准	把	1
氧气瓶	40 L	个	1
乙炔瓶	15 kg	个	1
护目镜	符合 3C 标准	个	1
护臂	纯棉袖套	对	1
手套	符合 3C 标准	双	1
工装	纯棉	套	1
干燥过滤器	冰箱配件	个	1

二、干燥过滤器的结构及作用

图 3-10 所示是干燥过滤器的结构。其外壳是用纯铜管收口成形的,两端进出接口有同径和异径两种,进端为粗金属网,出端为细金属网,可以有效地过滤杂质。其内装吸湿特性优良的分子筛作为干燥剂,以吸收制冷剂中的水分,以确保毛细管畅通及制冷系统正常工作。

当干燥剂因吸收水分过多而失效时,应及时更换。常见的干燥过滤器如图 3-11 所示。

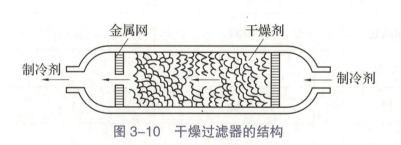

图 3-10 干燥过滤器的结构

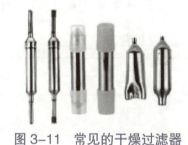

图 3-11 常见的干燥过滤器

三、干燥过滤器焊接的注意事项

干燥过滤器焊接时的注意事项如下:

1)焊接前,应将连接管内部用氮气吹净,保持管内清洁、干燥、无杂物,对在表面上取孔及现场切割后的管路应注意毛刺、铜屑的清理。

2)采用 38% 银焊条时,焊接温度不要超过 660℃,采用中性焰焊接。

3)在焊接干燥过滤器时,必须用湿布遮住靠近接管处的干燥过滤器外壳表面,应注意保持布的湿润,同时焊嘴火焰朝向应背离壳体,以免干燥过滤器表面及内部被损坏。

4)为防止氧化和氧化皮的产生,在焊接时,管路内须通以氮气,且要求氮气的流动方

向与干燥过滤器内干燥剂的流动方向一致。充氮压力为（0.02±0.01）MPa（手检，感觉有气体即可）。

5）若需插接毛细管，按照毛细管的插管要求，从管口插入约 15 mm。

 工艺管封口

一、任务三所需的设备、材料和工具

任务三所需的设备、材料和工具如表 3-3 所示。

表 3-3　任务三所需的设备、材料和工具

名称	规格	单位	数量
焊枪	符合 3C 标准	把	1
点火枪	符合 3C 标准	把	1
氧气瓶	40 L	个	1
乙炔瓶	15 kg	个	1
护目镜	符合 3C 标准	个	1
护臂	纯棉袖套	对	1
手套	符合 3C 标准	双	1
工装	纯棉	套	1
工艺管部件	—	套	1

二、工艺管封口要领

1. 焊枪火焰的调整

火焰较弱，中性焰略带氧化焰，如图 3-12 所示。

2. 火焰的角度

火焰与管口端略为垂直，如图 3-13 所示。

3. 火焰的位置

焰心不触及工艺管管口端面，与工艺管管口保持 1~2 mm 的距离，如图 3-14 所示。

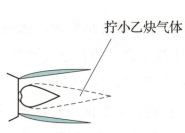
图 3-12　焊枪火焰的调整

图 3-13　火焰的角度

图 3-14　火焰的位置

4. 火焰的移动

使火焰沿工艺管管口端面部快速转动 2~3 次，如图 3-15 所示。

5. 焊材的插入位置

在工艺管管口形成圆形的中央处，使用焊材注入，火焰和管口端稍稍分离后使之流动，形成珠状，如图 3-16 所示。

6. 焊接后的成形

工艺管管口端面部成圆形，如图 3-17 所示。

图 3-15　火焰的移动

图 3-16　焊材的插入位置

图 3-17　焊接后的成形

知识点四　洛克环的免焊连接

一、任务四所需的设备、材料和工具

任务四所需的设备、材料和工具如表 3-4 所示。

表 3-4　任务四所需的设备、材料和工具

名称	规格	单位	数量
洛克环套装	符合 3C 标准	套	1
胶水（密封液）	符合 3C 标准	把	1
洛克环接头	$\phi 6.35$ mm	组	1
铜管	$\phi 6.35$ mm，长约 30 cm	根	1

二、认识洛克环

洛克环是德国 LOKRING 公司的专利产品。洛克环技术利用冷挤压塑性变形原理，达到铝与铝、铝与铜、铜与铜、铜与钢、铜与钛的紧密连接，专门用于连接小直径的有色金属管材，设计最大名义压力为 P_n=7 MPa，检测最大压力 P_p=4P'_n=28 MPa，适用于 -50℃~+150℃。

洛克环工艺是制冷家电生产、维修中焊接工艺的替代工艺。连接时，需要使用密封液，因为各种金属圆形管管材基本上是挤出成形的，所以连接过程及后续的运输、加工过程中难免会在其内外表面生成沿轴线方向的划痕。当划痕比较深时，洛克环接头的径向压缩将无法保证堵住所有的制冷剂泄漏通道。

专用密封液实际上是一种填充剂，它可以通过毛细管现象进入内插管和外套管之间的缝隙中，并流入轴向划伤沟槽中间固化，从而彻底封住所有泄漏通道。另外，专用密封液兼具清洁管道表面的作用。密封液的固化时间随所接触的金属材料及现场环境温度而变化，具体来说，若一头是铜管，则 20℃~25℃时的固化时间为 2~4 min。若两头均为铝管，则在 20℃~25℃时的固化时间为 15 min 左右。若环境温度低于 10℃，则固化时间较长，若有必要，可对压接完成的洛克环接头用功率为 1600 W 的电吹风加热，以加速固化。

洛克环工具套装及压接好的洛克环分别如图 3-18 和图 3-19 所示。洛克环专用密封液如图 3-20 所示。

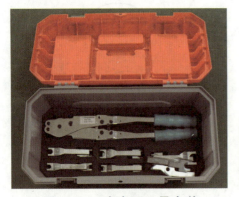

图 3-18　洛克环工具套装

图 3-19　压接好的洛克环

图 3-20　洛克环专用密封液

拓展知识点一　热交换器焊接的注意事项

热交换器分为室外热交换器和室内热交换器两种类型，如图 3-21 所示。在生产制作中通常热交换器的焊接（图 3-22）分为机器流水线焊接和人工焊接两种方式，下面了解如何进行热交换器的人工焊接。

项目三 制冷设备组件的应用硬钎焊相关知识点 55

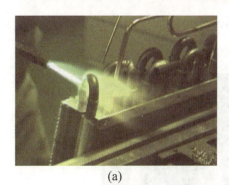
(a)

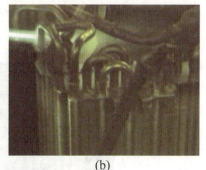
(b)

图 3-21 热交换器的分类
（a）室外热交换器；（b）室内热交换器

注意事项

焊接要点：
① $\phi 8$ mm 以下的配管的火焰角度为水平角度。
② 为防止熔化喇叭口，火焰头部位置要在距喇叭口的 3~5 mm 处进行预热。
③ 从前侧开始预热，从后面开始添加焊材。
④ 确认焊材是否流到焊接点前侧。
⑤ 把火焰引到身前距焊接部位 30 mm 左右处，促使母材均匀加热和焊材渗透。
⑥ 仔细观察喇叭口下侧的母材颜色。

注意事项

在进行热交换器焊接的过程中，应注意温度的控制及火焰方向的走向。在添加焊材时，焊材应从后部进行添加。

图 3-22 热交换器的焊接

热交换器的焊接过程如图 3-23 和图 3-24 所示。

图 3-23 热交换器的焊接（一）
注：热交换器中U形管已经插好，准备进行热交换器的焊接。

图 3-24 热交换器的焊接（二）
注：热交换器中U形管已经焊接完毕。

热交换器焊接完毕后的效果如图3-25所示,要求焊点四周焊材均匀,饱满,无上翻、下垂等现象。

图3-25　热交换器的焊接效果

拓展知识点二　四通阀焊接的注意事项

焊接时四通阀要用水冷却。因为四通阀内部有树脂滑块(其作用是控制冷媒流向),如果焊接时不用水冷却,四通阀本体温度将累计上升达到120℃以上,造成树脂变形熔化,空调器就不能够实现制冷、制热。

1. 钎焊过程中用水冷却的原因

由图3-26所示四通阀阀体剖面图可知,四通阀的主滑块、活塞碗均有一定的耐热极限,故钎焊四通阀过程中需用水进行冷却。

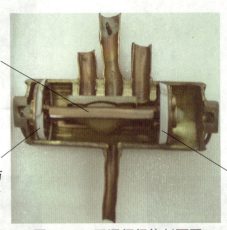

主滑块:
耐热:120℃
作用:换向

活塞碗:
耐热:135℃
作用:密封、防止运作时漏气

活塞碗:
耐热:135℃
作用:密封、防止运作时漏气

图3-26　四通阀阀体剖面图

知识窗口

水冷却的原因:
热传导会将四通阀内部的主滑块、活塞碗熔化导致泄漏,管路切换无作用。

2. 现场焊接的方式

（1）水冷却

水冷却如图 3-27 所示。

注意事项

利用水作为载体，将焊接过程中的温度进行热量转移，从而保证了四通阀阀体中的树脂类活塞腕不被烧蚀变形。

图 3-27　水冷却

（2）湿夹具冷却

湿夹具冷却如图 3-28 所示。

注意事项

利用湿润的夹具作为载体，将焊接过程中的温度进行热量转移，从而保证了四通阀阀体中的树脂类活塞腕不被烧蚀变形。

图 3-28　湿夹具冷却

3. 四通阀焊接要点

四通阀焊接要点：

如图 3-29 所示，方框圈起来的位置一定要用水冷却，阀体温度一定控制在 120℃。焊接前和焊接后的效果如图 3-30 和图 3-31 所示。

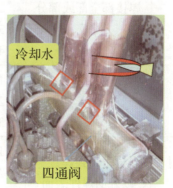

图 3-29　四通阀焊接要点

图 3-30　焊接前效果

图 3-31　焊接后效果

4. 常见钎焊缺陷及处理对策

常见钎焊缺陷及处理对策如表 3-5 所示。

表 3-5　常见钎焊缺陷及处理对策

缺陷	特征	产生原因	处理措施	预防措施
焊材未填满	焊接间隙部分未填满	1. 间隙过大或过小； 2. 装配时铜管倾斜； 3. 焊件表面不清洁； 4. 焊件加热不均匀； 5. 焊材加入不足	对未填满部分重焊	1. 装配间隙要合适； 2. 装配时铜管不能歪斜； 3. 焊前做好清理工作； 4. 均匀加热到作业温度； 5. 加入足够焊材
焊缝成形不良	焊材只在一面堆积，未成饱满，焊缝表面粗糙	1. 焊件加热不均； 2. 焊接时间过长； 3. 焊件表面不清洁	加热补焊	1. 均匀加热焊接部； 2. 焊接时间要适当； 3. 焊前做好清理工作
气孔	焊缝表面或内部有气孔	1. 焊件表面不清洁； 2. 焊接部温度过高； 3. 焊件潮湿	清理焊缝后重焊	1. 焊前做好清理工作； 2. 焊接温度适当； 3. 焊前烘干焊件
夹渣	焊缝中有杂质	1. 焊件表面不清洁； 2. 焊件加热不均匀； 3. 间隙不合适	清理焊缝后重焊	1. 焊前做好清理工作； 2. 均匀加热焊接部； 3. 保证合适的间隙
焊堵	焊接部全部或部分堵塞	1. 焊材加入过多； 2. 加热范围过广； 3. 套接长度不足； 4. 间隙过大	拆开清除堵塞后重焊或交换	1. 加入适量焊材； 2. 加热范围适当； 3. 适当的套接长度； 4. 保证合适的间隙
氧化	焊接表面或内部被氧化受损	1. 使用氧化焰加热； 2. 未使用助焊剂； 3. 未实施充氮保护	去除氧化物	1. 使用中性焰加热； 2. 使用助焊剂； 3. 内部充氮保护
外观焊材垂滴	焊材垂滴到焊接部以外的焊件表面	1. 焊材加入过多； 2. 直接加热焊材； 3. 加热方法不正确	修理垂滴焊材	1. 加入适量焊材； 2. 不可直接加热焊材； 3. 正确加热

项目四

手工软钎焊技术相关知识点

 **知识点一** 认识手工软钎焊技术

一、任务一所需的设备、工具和材料清单

任务一所需的设备、工具和材料清单如表 4-1 所示。

表 4-1 任务一所需的设备、工具和材料清单

名称	规格	单位	数量
普通电烙铁	符合 3C 标准	把	1
恒温调温电烙铁	符合 3C 标准	把	1
热风焊烙铁	符合 3C 标准	把	1
焊锡丝	0.8 mm/1 mm/1.3 mm 线径	圈	各 1
吸焊枪	符合 3C 标准	把	1
防静电腕带	符合 3C 标准	个	1
镊子	符合 3C 标准	个	1
斜口钳	符合 3C 标准	个	1
松香	符合 3C 标准	盒	1
烙铁架	符合 3C 标准	个	1

二、手工软钎焊技术概述

软钎焊是使用熔点不超过 450℃ 的钎料，通过加热到低于母材熔点而高于钎料熔点的软钎焊温度而实现连接的一类连接方法。钎料通过毛细管作用铺展在紧密贴合的连接表面上，或通过润湿作用铺展在工件表面上。注意：450℃ 是硬钎焊和软钎焊的分界点。

手工软钎焊是印制电路板（Printed circuit boards，PCB）组装、返修和售后维修工作中的基础技术。其加热方式主要包括接触式连续加热、接触式脉冲加热和非接触式热风加热。电烙铁是手工软钎焊中主要的一种加热设备，它是将电能转换成热能对焊接部位进行加热的焊接工具。

三、手工软钎焊工具及材料

1. 电烙铁的结构

电子行业使用较多的为普通电烙铁，其由铬铁头、外壳、发热芯、手柄、电源线构成，如图 4-1 所示。

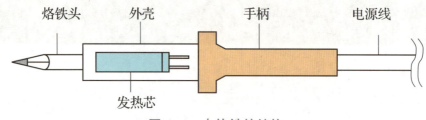

图 4-1　电烙铁的结构

电烙铁按发热芯位置不同可分为内热式电烙铁和外热式电烙铁。其中，内热式电烙铁的加热元件在烙铁头内部，加热快、热效率高（85%~95%）、体积小、质量小、耗电少、使用灵活，多采用握笔法，但烙铁头温度高易致氧化变黑，烙铁芯易断，功率较小，主要面向电子类作业，适合焊接小型的元器件；外热式电烙铁的加热元件在烙铁头外部，加热慢，热效率低，一般要预热 6~7 min，比较耐用，功率可达到几百瓦，多用于焊接大型元器件及大面积的金属结构，一般采用握拳法，但其不便于焊接小元器件，且容易漏电。

2. 烙铁头的选择

烙铁头在焊接传热时为物理接触，会占用一定的物理空间，因此焊接时对焊接产品布局有一定的要求和局限性。在实际生产中，当焊接元器件发生变化时，就要更换相应的烙铁头。另外，烙铁头的维护直接影响电烙铁的使用寿命、软钎焊的效率和质量。

外热式电烙铁的烙铁头一般用纯铜制成，内热式电烙铁的烙铁头一般用铍铜制成，作用是储存和传导热量。烙铁头外层有铁和镍铬合金防护，阻止铜扩散和芯吸现象。烙铁头的温度必须比被焊接件的温度高很多，具体与其体积、形状、长短等有一定的关系，体积较大时，它的容量比较大，保持温度的时间就要长一些，焊接比较大面积的金属对象（如散热片）不容易掉温。另外，为适应不同工件要求，烙铁头的形状有所不同，图 4-2 为部分笔式烙铁头的形状，主要有锥形、凿形、半圆沟形和圆斜面形等。烙铁头形状的选择要根据焊接对象和产品密度确定，错误的烙铁头尺寸、形状、长度会影响热容量，进而影响焊接面积。

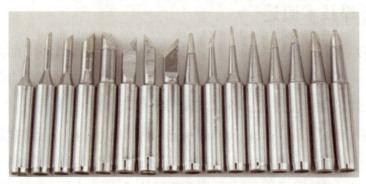

图 4-2　部分笔式烙铁头的形状

 知识点二　手工组装焊接

一、任务二所需的设备、工具和材料清单

任务二所需的设备、工具和材料清单如表 4-2 所示。

表 4-2　任务二所需的设备、工具和材料清单

名称	规格	单位	数量
普通电烙铁	符合 3C 标准	把	1
焊锡丝	1 mm 线径	圈	1
吸焊枪	符合 3C 标准	把	1
防静电腕带	符合 3C 标准	个	1
镊子	符合 3C 标准	个	1
斜口钳	符合 3C 标准	个	1
松香	符合 3C 标准	盒	1
烙铁架	符合 3C 标准	个	1
电阻	直插式	个	3
三极管	直插式	个	3
集成块座子	直插式	个	1
空白印刷电路板	符合 3C 标准	块	1

二、贴片元器件手工组装焊接工艺

1. 贴片阻容元件组装焊接工艺——电烙铁法

操作过程：先将电烙铁预热，在一个焊盘上点锡，再用镊子夹住元件，放置元件的一端在点锡的焊盘上，并确认是否放正；然后用电烙铁焊接元件一端，完成后焊接元器件另外一端。对于熟练的操作人员，也可以等电烙铁预热后粘一点锡，用镊子夹着贴片阻容元件，轻轻地触碰熔化后的焊烫，使元件两个末端粘上一点锡；再用镊子夹着贴片阻容元件，将其放在要焊的地方，用电烙铁的尖头分别接触元件的两端（注意：不要太长时间），锡一旦充分熔化马上离开。焊接完毕后，焊点成内弧形，整体要圆满、光滑、无针孔、无松香渍；零件引脚外形可见锡的流散性好；焊锡将整个上锡位置及零件包围。如果达不到上述要求，需要进行二次修理：焊锡不够，则适当加锡；焊锡过多，则用吸锡带吸锡。

2. 贴片阻容元件组装焊接工艺 – 热风法

贴片阻容元件焊接工具及组装工艺如图 4-3 和图 4-4 所示。操作过程：焊接前清理焊点及焊盘表面的污染；将热风烙铁工作温度调至约 427 ℃，安装热风枪至烙铁柄；将钎料膏均匀地涂覆在焊盘表面，并利用镊子将元件放置在焊盘表面；调节空气压力，确定合适的热风速度，直到热风能将 0.5 cm 外的薄纸烧焦；利用热风枪加热整个元件，保持距离为 2.5 cm，待助焊剂熔化并部分挥发后，保持喷嘴和元件距离为 0.5 cm，确认元件焊点钎料已经熔化后移开烙铁即可。

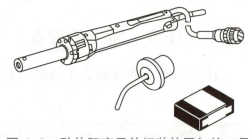

图 4-3 贴片阻容元件组装热风加热工具

图 4-4 贴片阻容元件组装工艺

（a）施加焊膏；（b）定位；（c）调压；（d）预热；（e）焊接

知识点三　设备工具清单

任务三所需的设备、工具和材料清单如表 4-3 所示。

表 4-3　任务三所需的设备、工具和材料清单

名称	规格	单位	数量
普通电烙铁	符合 3C 标准	把	1
焊锡丝	1 mm 线径	圈	1
吸焊枪	符合 3C 标准	把	1
防静电腕带	符合 3C 标准	个	1
镊子	符合 3C 标准	个	1
斜口钳	符合 3C 标准	个	1
松香	符合 3C 标准	盒	1
烙铁架	符合 3C 标准	个	1
呼吸灯套件	符合 3C 标准	套	1
直流电源	5V	个	1
万用表	符合 3C 标准	个	1